DE LA

FERTILISATION ÉLECTRIQUE DES PLANTES

ESSAIS D'ÉLECTROCULTURE

Année 1910

Expériences et Résultats

PAR

LE LIEUTENANT FERNAND BASTY

du 135e Régiment d'Infanterie
Membre titulaire de la Société d'Études Scientifiques d'Angers

TOME II

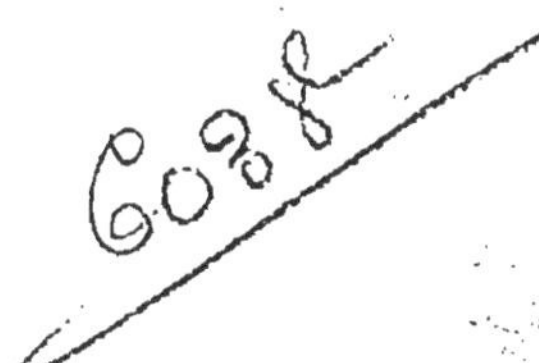

ANGERS
G. GRASSIN, IMPRIMEUR-ÉDITEUR
40, rue du Cornet et rue Saint-Laud

1911

DE LA

FERTILISATION ÉLECTRIQUE DES PLANTES

(*Suite*)

ESSAIS D'ÉLECTROCULTURE

Année 1910

PAR

LE LIEUTENANT BASTY

du 135e Régiment d'Infanterie
Membre titulaire de la Société d'Études Scientifiques d'Angers

---

AVANT-PROPOS

Les communications que nous avons faites, au cours de l'année 1910, à la *Société d'Études scientifiques d'Angers*, relatant nos travaux, nos recherches, nos tâtonnements heureux ou malheureux, entrepris dans l'application des *électricités naturelles* à la culture proprement dite des plantes, peuvent se diviser en trois parties :

PREMIÈRE PARTIE

a) Recherches *nouvelles* nécessitées pour *préciser* certains faits encore *mal définis* ;

b) *Achèvement* d'expériences qu'il était *impossible* de terminer *en une année*.

Deuxième partie

Compte-rendu des expériences entreprises, *avec nos appareils*, par un de nos correspondants.

Troisième partie

Enfin, dans une troisième partie, ayant pour titre : *Orientation de l'opinion publique vers l'utilisation de l'électricité statique à haute tension*, nous indiquons le but vers lequel nous devons tous, le plus particulièrement, diriger nos efforts.

C'est dans cet ordre d'idées que nous présentons notre travail.

F. B.

SOMMAIRE

PREMIÈRE PARTIE

Expériences et résultats personnels (1910)

DEUXIÈME PARTIE

Essais tentés par nos correspondants. Description et fonctionnement de l'électro-capteur F. B.

CHAPITRE I. — Rapport de *M. Billaud* sur les *avantages* de l'emploi de l'*électro-capteur* F. B.

CHAPITRE II. — Electro-capteur F. B.

§ 1. Description et fonctionnement de l'électro-végétomètre de « *Bertholon* ».
§ 2. Appareils dérivés de l'électro-végétomètre.
§ 3. Description de l'électro-capteur F. B.
§ 4. Procédé original pour s'assurer du bon fonctionnement d'un électro-capteur et, incidemment, mesurer l'intensité d'un orage.
§ 5. L'électro-capteur paragrêle F. B.

TROISIÈME PARTIE

CHAPITRE I. — Orientation de l'opinion publique vers l'utilisation de l'électricité statique à haute tension.

CONCLUSIONS

PREMIÈRE PARTIE

Expériences de 1910
tentées à Angers, au jardin « Bertholon »
(école Victor-Hugo)

CHAPITRE PREMIER

§ 1er. But

Nos expériences de 1910 eurent un quadruple but :

1° Déterminer, aussi *exactement* que possible, l'*influence* des *appareils* employés ;

2° Rechercher quelle pouvait être l'*influence* d'un *courant déterminé*, appliqué aux graines, avant les semailles, sur le *développement* et la *récolte* de la future plante ;

3° Entre deux courants expérimentés : (1/100e et 3/1000e d'ampère), *déterminer le meilleur ;*

4° Reprendre et achever nos expériences précédentes relatives à la *position* du *hile*, en terre, de certaines graines, et montrer son influence sur le *développement* des *racines* et la production des *fruits*.

§ 2. Appareils employés

Les appareils employés furent ceux de l'année 1909, *présentés* et *décrits* dans notre ouvrage « *De la Fertilisation électrique des plantes* (Tome Ier) (1) », savoir :

Appareils capteurs d'électricité atmosphérique : Électro-capteur F. B. ; petits paratonnerres F. B.

Appareil producteur d'électricité dynamique : Plaques système Spechnew (modifiées F. B.).

Appareil capteur d'électricité atmosphérique, producteur d'électricité dynamique et utilisant l'électricité tellurique : Dynamo-capteur F. B.

§ 3. Plantes Choisies

Les plantes choisies pour être soumises aux expériences furent :

a) *Graminées :* orge, maïs ;
b) *Légumineuses :* soissons, trèfle incarnat ;
c) *Chénopodées :* betteraves ;
d) *Urticées :* chanvre ;
e) *Crucifères ;* moutarde.

§ 4. Traitement électrique imposé aux graines avant les semailles

Des graines de *betteraves, chanvre, moutarde, orge, soissons*, furent soumises à l'action d'un courant de 1/100e d'ampère, pendant *une heure*, dans les conditions indiquées à la page 65 de F. E. D. P. (Tome Ier).

Des graines de même *qualité* et des mêmes *espèces* furent soumises à l'action d'un courant de 3/1000[e] *d'ampère* pendant *deux heures*.

Le même jour (22 mai 1910), toutes ces graines furent semées dans des rectangles de terrain de même superficie et de même qualité que les témoins.

(1) Lorsque nous renvoyons le lecteur à cet ouvrage nous l'indiquons par les abréviations suivantes : F. E. D. P. (Tome Ier).

Cet ouvrage est en vente à la librairie G. Grassin, 40, rue du Cornet, Angers ; franco : 2 fr. 25.

Vue d'ensemble du Jardin " *Bertholon* " au 27 Juin 1910

Cliché Loubatier, Angers.

On peut remarquer : *a)* Les *appareils* : 1. Electro-capteur ; 2. Dynamo-capteur ; 3. Petits paratonnerres.
b) L'*influence* des appareils sur : Chanvre (4), voir son témoin (5) ; Chanvre (6), voir son témoin (7) ; Orge (8), voir son témoin (9).

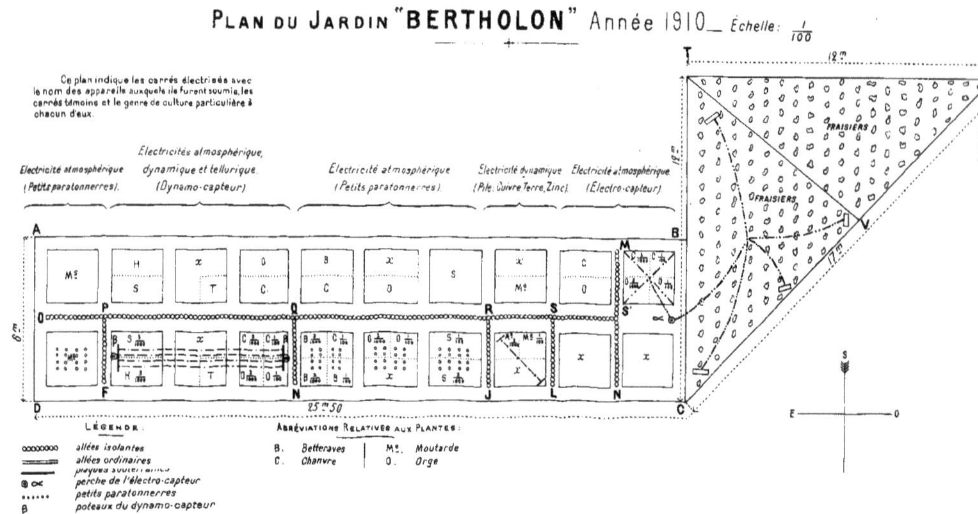

PLAN DU JARDIN "BERTHOLON" Année 1910 _ Échelle: 1/100
Ce plan indique les carrés électrisés avec le nom des appareils auxquels ils furent soumis, les carrés témoins et le genre de culture particulière à chacun d'eux.
Electricité atmosphérique (Petits paratonnerres).
Électricités atmosphérique, dynamique et tellurique. (Dynamo-capteur)
Électricité atmosphérique (Petits paratonnerres)
Électricité dynamique (Pile: Cuivre Terre, Zinc)
Électricité atmosphérique (Électro-capteur)
A
B
C
D
T
V
M
S'
O
P
Q
R
S
F
N
J
L
12 m
8 m
17 m
25 m 50
FRAISIERS
FRAISIERS
LÉGENDE:
allées isolantes
allées ordinaires
perche de l'électro-capteur
petits paratonnerres
poteaux du dynamo-capteur
ABRÉVIATIONS RELATIVES AUX PLANTES:
B. Betteraves
C. Chanvre
Me. Moutarde
O. Orge
S
E
O

§ 5. Affectation des plantes aux appareils

Dans la sphère d'influence de :

a) *L'électro-capteur* on sema :

1° Du chanvre électrisé au 1/100e et au 3/1000e d'ampère ;
2° De l'orge électrisée au 1/100e et au 3/1000e d'ampère ;

b) Des *petits paratonnerres* :

1° Du chanvre électrisé au 1/100e et au 3/1000e d'ampère ;
2° De l'orge électrisée au 1/100e et au 3/1000e d'ampère ;
3° Des betteraves électrisées au 1/100e et au 3/1000e d'ampère ;
4° Des soissons électrisés au 1/100e et au 3/1000e d'ampère ;

c) Des *plaques productrices d'électricité dynamique* :

1° De la moutarde électrisée au 1/100e et au 3/1000e d'ampère.

d) *Du dynamo capteur* :

1° Du chanvre électrisé au 1/100e et au 3/1000e d'ampère ;
2° De l'orge électrisée au 1/100e et au 3/1000e d'ampère ;
3° Des soissons électrisés au 1/100e et au 3/1000e d'ampère.

§ 6. Plan du Jardin

Le jardin d'expériences conserva sa forme rectangulaire de l'année précédente, avec allées *isolatrices* (voir plan et photographie : vue d'ensemble au 29 juin).

Les rectangles *témoins* restèrent situés au *sud*, les rectangles *électrisés* au *nord*.

Se reporter pour les renseignements complémentaires à F. E. D. P. (Tome Ier) page 60.

CHAPITRE II

Premiers résultats : Germination, Développement des plantes

§ 1er. Germination

Les semailles ayant eu lieu le 22 mai, les résultats suivants furent constatés :

a) *Au 30 mai :*

Electro-Capteur (Électricité atmosphérique)

Chanvre...	au 1 /100e d'ampère : germinations	40
	témoins : germinations	20
	au 3 /1000e d'ampère : germinations	12
	témoins : germinations..................	20
Orge	au 1 /100e d'ampère : germinations........	58
	témoins : germinations..................	84
	3 /1000e d'ampère : germinations	76
	témoins : germinations..................	44

Plaques Spechnew (Électricité dynamique)

Moutarde électrisée (1) : pas levée ; témoins : germinations : 30.

Petits paratonnerres (Électricité atmosphérique)

Soissons ..	électrisés : pas de germinations ;	
	témoins : pas de germinations.	
Orge	au 1 /100e d'ampère : germinations......	55
	témoins : germinations.................	35
	au 3 /1000e d'ampère : germinations....	100
	témoins : germinations.................	60
Betteraves.	au 1 /100e d'ampère : germinations......	0
	témoins : germinations.................	0
	au 3 /1000e d'ampère : germinations......	40
	témoins : pas de germinations.	

(1) Résultats déjà constatés au cours des années précédentes. Fut arrachée le 3 juin 1910.

Chanvre ..	au 1 /100e d'ampère : germinations.......	40
	témoins : germinations.................	15
	au 3 /1000e d'ampère : germinations.....	50
	témoins : germinations.................	25

DYNAMO-CAPTEUR

Chanvre ..	au 1 /100e d'ampère : germinations......	35
	témoins : germination	1
	au 3 /1000e d'ampère : germinations.....	103
	témoins : germination.................	1
Orge	au 1 /100e d'ampère : germinations......	16
	témoins : germinations.................	18
	au 3 /1000e d'ampère : germinations.....	122
	témoins : germinations.................	13
Soissons ..	électrisés : pas de germinations ;	
	témoins : pas de germinations.	

b) *Au 4 juin :*

ÉLECTRO-CAPTEUR

Chanvre..	au 1 /100e d'ampère : germinations.....	190
	témoins : germinations.................	180
	au 3 /1000e d'ampère : germinations.....	170
	témoins : germinations.................	160
Orge	au 1 /100e d'ampère : germinations.....	180
	témoins : germinations.................	200
	au 3 /1000e d'ampère : germinations.....	170
	témoins : germinations.................	150

PETITS PARATONNERRES

Soissons ..	au 1 /100e d'ampère : germinations......	14
	moyenne : 36 $^m/_m$.	
	témoins : germinations.................	9
	moyenne : 15 $^m/_m$.	
	au 3 /1000e d'ampère : germinations....	13
	moyenne : 26 $^m/_m$.	
	témoins : germinations.................	11
	moyenne : 22 $^m/_m$.	

Orge	au 1/100ᵉ d'ampère : germinations......	175
	témoins : germinations..................	210
	au 3/1000ᵉ d'ampère : germinations.....	280
	témoins : germinations..................	250
Chanvre ..	au 1/100ᵉ d'ampère : germinations......	100
	témoins : germinations..................	100
	au 3/1000ᵉ d'ampère : germinations....	400
	témoins : germinations..................	80
Betteraves.	au 1/100ᵉ d'ampère : germinations......	120
	témoins : germinations..................	160
	au 3/1000ᵉ d'ampère : germinations....	320
	témoins : germinations..................	200

Dynamo-Capteur

Orge	au 1/100ᵉ d'ampère : germinations......	230
	témoins : germinations..................	160
	au 3/1000ᵉ d'ampère : germinations....	240
	témoins : germinations..................	120
Chanvre ..	au 1/100ᵉ d'ampère : germinations.....	300
	témoins : germinations..................	50
	au 3/1000ᵉ d'ampère : germinations....	350
	témoins : germinations..................	45
Soissons ..	rang *a* : 4 germinations, hauteur moyenne	20 m/m
	témoin *a* : 3 germinations, hauteur moy.	20 m/m
	rang *b* : 8 germinations, hauteur moyenne	30 m/m
	témoin *b* : 8 germinations, hauteur moy.	30 m/m
	rang *c* : 10 germinations, hauteur moyen.	35 m/m
	témoin *c* : 10 germinations, hauteur moy.	33 m/m

§ 2. Développement des Plantes

Nous indiquons ci-après les *dimensions* des plantes, *tiges* et *feuilles* aux dates indiquées :

a) *au 6 juin :*

Électro-Capteur

Chanvre ..	1/100ᵉ : tige 50 m/m ; témoins : tige 30 m/m.
	3/1000ᵉ : tige 25 m/m ; témoins : tige 25 m/m.

Orge	1/100e : feuilles 100 m/m; témoins : feuilles 100 m/m	
	3/1000e : feuilles 90 m/m; témoins : feuilles 90 m/m	

Petits Paratonnerres

Soissons ..	1/100e : tige et feuilles 45 m/m ;
	témoins : tige et feuilles 37 m/m.
	3/1000e : tige et feuilles 45 m/m ;
	témoins : tige et feuilles 43 m/m.

Orge	1/100e : feuilles 50 m/m ; témoins : feuilles 60 m/m
	3/1000e : feuilles 90 m/m ; témoins : feuilles 80 m/m

Betteraves.	1/100e	tige	12 m/m	témoins	tige	12 m/m
		feuilles	25 m/m		feuilles	18 m/m
	3/1000e	tige	25 m/m			
		feuilles	55 m/m			

Chanvre ..	1/100e	tige	40 m/m	témoins	tige	20 m/m
		feuilles	45 m/m		feuilles	25 m/m
	3/1000e	tige	50 m/m			
		feuilles	60 m/m			

Maïs (1)...	électrisé : 330 m/m ; témoins : 300 m/m.

Dynamo-Capteur

Orge	1/100e : feuilles 80 m/m; témoins : feuilles 70 m/m
	3/1000e : feuilles 68 m/m; témoins : feuilles 60 m/m

Chanvre...	1/100e	: tige	40 m/m	témoins	tige	25 m/m
		: feuilles larg.	35 m/m		feuilles larg.	25 m/m
	3/1000e	: tige	50 m/m	témoins	tige	25 m/m
		: feuilles larg.	50 m/m		feuilles larg.	20 m/m

(1) Par maïs *électrisé*, il faut entendre « *maïs simplement soumis à l'influence des P. P.* ».

Soissons..	1/100e	rang *a*	hauteur tige.........	32 m/m
			largeur feuilles.......	42 m/m
		rang *b*	hauteur tige.........	60 m/m
			largeur feuilles.......	55 m/m
		rang *c*	hauteur tige.........	60 m/m
			largeur feuilles.......	80 m/m
	témoins	rang *a*	hauteur tige.........	32 m/m
			largeur feuilles.......	41 m/m
	témoins	rang *b*	hauteur tige.........	52 m/m
			largeur feuilles.......	80 m/m
	témoins	rang *c*	hauteur tige.........	56 m/m
			largeur feuilles.......	80 m/m
	3/1000e	rang *a*	hauteur tige.........	50 m/m
			largeur feuilles.......	70 m/m
		rang *b*	hauteur tige.........	63 m/m
			largeur feuilles.......	71 m/m
		rang *c*	hauteur tige.........	70 m/m
			largeur feuilles.......	90 m/m
	témoins	rang *a*	hauteur tige.........	30 m/m
			largeur feuilles.......	45 m/m
	témoins	rang *b*	hauteur tige.........	60 m/m
			largeur feuilles.......	69 m/m
	témoins	rang *c*	hauteur tige.........	61 m/m
			largeur feuilles.......	90 m/m

b) *au* 27 *juin* :

ÉLECTRO-CAPTEUR

Chanvre...	1/100e : tige 150 m/m; feuilles	longueur..	130 m/m
		largeur....	20 m/m
	témoins : tige 140 m/m; feuilles	longueur..	120 m/m
		largeur ...	15 m/m
	3/1000e : tige 160 m/m; feuilles	longueur..	130 m/m
		largeur....	15 m/m
	témoins : tige 140 m/m; feuilles	longueur..	130 m/m
		largeur ...	17 m/m

Orge......	1/100e : haut. feuilles 370 m/m; témoins : haut. 350 m/m
	3/1000e : haut. feuilles 390 m/m; témoins : haut. 350 m/m

PLAQUES SPECHNEW

Moutarde[1].	hauteur 235 m/m	longueur	130 m/m
		largeur	37 m/m
	témoins : hauteur 215 m/m	longueur	82 m/m
		largeur	35 m/m

PETITS PARATONNERRES

Orge	1/100e	: feuilles 260 m/m ; témoins : feuilles	330 m/m
	3/1000e	: feuilles 340 m/m ; témoins : feuilles	330 m/m
Betteraves.	1/100e	: tige et feuilles	110 m/m
		largeur	35 m/m
	témoins	: tige et feuilles 70 c/m ; largeur.	25 m/m
	3/1000e	: tiges et feuilles	80 m/m
		largeur	25 m/m
	témoins	: tige et feuilles 80 m/m ; largeur.	25 m/m
Chanvre	1/100e	: tige 140 m/m ; feuilles long	90 m/m
		largeur	15 m/m
	3/1000e	: tige 260 m/m ; feuilles long	130 m/m
		largeur	20 m/m
	témoins	tige	120 m/m
		feuilles longueur	100 m/m
		largeur	17 m/m
Maïs	Electrisé : 780 m/m ; témoins		620 m/m

DYNAMO-CAPTEUR

Orge	1/100e	: feuilles 400 m/m ; témoins : feuilles	270 m/m
	3/1000e	: feuilles 420 m/m ; témoins : feuilles	270 m/m
Chanvre	1/100e	: tige 230 m/m ; feuilles longueur	160 m/m
		largeur	20 m/m
	3/1000e	: tige 260 m/m ; feuilles longueur	120 m/m
		largeur	20 m/m
	témoins	tige	100 m/m
		feuilles longueur	90 m/m
		largeur	14 m/m

(1) La moutarde dont il est question provient de graines non électrisées avant les semailles ; elles furent semées le 8 juin.

Soissons ..	rang *a*, tige 410 m/m ; feuilles		longueur.	300 m/m
			largeur..	110 m/m
	témoins	tige		360 m/m
		feuilles	longueur	260 m/m
			largeur	100 m/m
	rang *b*, tige 400 m/m ; feuilles		longueur.	280 m/m
			largeur..	90 m/m
	témoins	tige		230 m/m
		feuilles	longueur	250 m/m
			largeur	80 m/m
	rang *c*, tige 500 m/m ; feuilles		longueur.	300 m/m
			largeur..	110 m/m
	témoins	tige		380 m/m
		feuilles	longueur	260 m/m
			largeur	80 m/m

c) *au* 25 *juillet :*

ÉLECTRO-CAPTEUR

Chanvre...	1/100e : tige 570 m/m ; témoins : tige....	520 m/m
	3/1000e : tige 850 m/m ; témoins : tige....	540 m/m
Orge	1/100e : feuilles 750 m/m; témoins : feuilles	700 m/m
	3/1000e : feuilles 780 m/m; témoins : feuilles	720 m/m

PLAQUES SPECHNEW

Moutarde.. électrisée, hauteur 400 m/m ; témoins, haut. 300 m/m

PETITS PARATONNERRES

Soissons ..	électrisés, haut. 1m850; témoins : haut. à 1m450		
Orge	1/100e : feuilles 550 m/m	témoins feuilles	550 m/m
	3/1000e : feuilles 620 m/m		
Betteraves.	1/100e : haut. 240 m/m	témoins haut..	220 m/m
	3/1000e : haut. 280 m/m		
Chanvre ..	1/100e : tige 590 m/m	témoins haut..	410 m/m
	3/1000e : tige 800 m/m		
Maïs	électrisé, hauteur 1m800, témoin : hauteur 1m100		

Dynamo-Capteur

Orge	1/100e : feuilles 720 m/m 3/1000e : feuilles 730 m/m	témoins : feuilles 530 m/m
Chanvre...	1/100e : tige 900 m/m 3/1000e : tige 930 m/m	témoins : tige 420 m/m

d) *au 29 août :*

Electro-Capteur

Chanvre...	1/100e : tige $1^{m}180$ 3/1000e : tige $1^{m}750$	témoins : tige $0^{m}950$
Orge	1/100e : feuilles 950 m/m ; témoins : feuilles 850 m/m 3/1000e : feuilles 900 m/m ; témoins : feuilles 800 m/m	

Plaques Spechnew

Moutarde.. électrisée : hauteur 800 m/m ; témoins : haut. 600 m/m

Soissons ..
- rang *a* : hauteur $2^{m}650$;
- rang *b* : hauteur $2^{m}780$;
- rang *c* : hauteur $2^{m}850$;
- témoins
  - rang *a* : hauteur $2^{m}100$;
  - rang *b* : hauteur $2^{m}200$;
  - rang *c* : hauteur $2^{m}350$;

Petits Paratonnerres

Orge	1/100e : feuilles 850 m/m 3/1000e : feuilles 850 m/m	témoins : feuilles 830 m/m
Betteraves.	1/100e : hauteur 320 m/m ; témoins : haut. 300 m/m 3/1000e : hauteur 350 m/m ; témoins : haut. 320 m/m	
Chanvre...	1/200e : tige $1^{m}000$ 3/1000e : tige $0^{m}950$	témoins : tige $0^{m}850$.
Maïs......	Electrisé : haut. $1^{m}900$; témoins : haut. $1^{m}500$	

DYNAMO-CAPTEUR

Orge ..... (*sèche*)	1/100e : feuilles 850 m/m 3/1000e : feuilles 750 m/m	témoins : feuilles 750 m/m
Chanvre...	1/100e : tige 1m350 3/1000e : tige 1m200	témoins : tige 1m020 m/m
Soissons ..	rang *a* : 3m150 m/m ;	témoins : *a* 3m050 m/m
	— *b* : 3m450 m/m ;	témoins : *b* 3m250 m/m
	— *c* : 4m050 m/m ;	témoins : *c* 3m850 m/m

CHAPITRE III

Tableau indiquant les récoltes des plantes électrisées (en vert et en sec) comparées aux témoins

…ls auxquels furent soumises les plantes	Plantes	Traitement électrique ou témoins	Superficie ensemencée	Récolte en vert : graines, tiges et feuilles	Récolte (tiges chaume, cosses) en *sec*	Récolte (graines caryopses) tubercules, etc.	Récolte totale en *vert* comparée aux témoins	Observations
			mètres carrés :	kil.	kil.	kil.	kil.	
…o-CAPTEUR F. B. (Élec-…s atmosphérique, dyna-… et tellurique).	Betteraves	Électrisées (1)	2	5, 400	»	4, 050	5, 400	(1) Par *betteraves électrisées*, il faut entendre celles qui, provenant des carrés soumis au courant de 3/1000e d'ampère, furent repiquées, au 26 juin, dans des carrés *soumis* aux influences des appareils. (2) La *moutarde* dont les résultats figurent au présent tableau ne fut *point* électrisée avant les semailles. Par moutarde *électrisée* il faut entendre celle qui fut, simplement, *soumise* à l'influence *dynamique* des plaques Spechnew, modifiées F. B.
		Témoins	2	*3,600*	»	*2,700*	*3,600*	
	Chanvre	1/100e	2	0, 305	0, 240	0, 016		
		Témoins	2	*0,197*	*0,122*	*0,008*	0, 675	
		3/1000e	2	0, 370	0, 280	0, 020	*0,395*	
		Témoins	2	*0,198*	*0.123*	*0,008*		
	Orge	1/100e	2	0, 635	0, 355	0, 190		
		Témoins	2	*0.590*	*0.502*	*0,147*	1, 335	
		3/1000e	2	0, 700	0, 390	0, 197	*1,480*	
		Témoins	2	*0.590*	*0,303*	*0.148*		
	Soissons	Électrisés	2	2, 400	0, 285	0, 765	2, 400	
		Témoins	2	*1,800*	*0,150*	*0,470*	*1,800*	
…PARATONNERRES F. B. (…icité atmosphérique).	Betteraves	Électrisées (1)	2	4, 200	»	3, 400	4, 200	
		Témoins	2	*3,100*	»	*2.500*	*3,100*	
	Chanvre	1/100e	2	0, 160	0, 120	0, 020		
		Témoins	2	*0,095*	*0,060*	*0,008*	0, 415	
		3/1000e	2	0, 255	0, 180	0, 020	*0,190*	
		Témoins	2	*0,093*	*0,060*	*0,007*		
	Orge	1/100e	2	0, 320	0, 190	0, 065		
		Témoins	2	*0,277*	*0,175*	*0,045*	0, 635	
		3/1000e	2	0, 315	0, 200	0, 060	*0,555*	
		Témoins	2	*0,278*	*0,173*	*0,045*		
	Soissons	Électrisés	2	1, 610	0, 150	0, 450	1, 610	
		Témoins	2	*1.020*	*0,090*	*0,270*	*1,020*	
…CAPTEUR F. B. (Élec-…mosphérique).	Chanvre	1/100e	2	0, 170	0, 110	0, 030		
		Témoins	2	*0,132*	*0,085*	*0,010*	0, 450	
		3/1000e	2	0, 280	0, 280	0, 050	*0,265*	
		Témoins	2	*0,133*	*0,085*	*0,010*		
	Orge	1/100e	2	0, 565	0, 307	0, 170		
		Témoins	2	*0,403*	*0,213*	*0,095*	1, 000	
		3/1000e	2	0, 435	0, 260	0, 137	*0,805*	
		Témoins	2	*0,402*	*0,215*	*0,093*		
…SPECHNEW MODIFIÉES (…lectricité dynamique).	Moutarde	Électrisée (2)	2	0, 400	0, 150	0, 070	0, 400	
		Témoins	2	*0,340*	*0,100*	*0,050*	*0,340*	

CHAPITRE IV

Influence des courants de 1/100e et de 3/1000e d'ampère sur la *germination* (1), le *développement* et la *récolte* des plantes expérimentées.

§ 1er GERMINATIONS

d) *Betteraves.* — Tandis qu'au 30 mai, aucune germination n'était constatée dans les carrés témoins et dans ceux soumis au 1/100e, les carrés soumis au 3/1000e donnèrent 40 germinations.

Cette constatation est fort intéressante, puisque ce courant accélère, dans des proportions notables, environ huit jours, la germination de cette plante qui demande généralement 15 jours pour lever.

Ces proportions se retrouvent également au 4 juin :

En effet, nous relevons, à cette date, 320 germinations contre 180 seulement chez le témoin.

Par contre, et en toute justice, nous devons reconnaître que le courant au 1/100e n'a pas été bienfaisant, puisque le nombre des germinations est inférieur de 60 aux témoins : 120 contre 180.

Cette constatation est également très intéressante à retenir, car elle nous indique, dès maintenant, la *limite supérieure d'intensité* de courant qu'il ne faut pas dépasser pour cette plante.

b) *Chanvre.* — L'ensemble des germinations, obtenues au 4 juin est de :

790 pour le chanvre soumis au 1/100e ;

920 pour celui soumis au 3/1000e, tandis que les témoins ne donnent, à la même date, que 308 germinations.

(1) Par germinations nous entendons les premiers éléments de la *tigelle sortis* de terre. Il est bien entendu que les premières radicelles sont déjà formées à l'époque où nous relevons les premiers résultats. On comprendra facilement qu'il nous était impossible d'arracher, chaque jour, nos plantes pour suivre leur gestation dans le sol.

L'électrisation de la graine a produit de bons résultats avec le 1 /100e, et d'excellents avec le 3 /1000e.

Ces résultats sont donc aujourd'hui acquis.

c) *Moutarde.* — Pour la quatrième fois (années 1903-1908 1909-1910), nous constatons que la germination de la moutarde est retardée ou anéantie par des courants variant du 1 /100e au 1 /1000e d'ampère.

C'est donc, au-dessous du 1 /1000e, qu'il faudra chercher le courant optimum pour cette plante.

d) *Orge.* — L'influence bienfaisante du courant de 1 /100e s'est moins fait sentir sur l'orge, puisque le total des germinations s'élève à 585, dans les carrés soumis à ce courant, et à 545 dans les témoins.

Par contre, les germinations dans les carrés influencés par un courant de 3 /1000e sont de 690 contre 545.

Il y aura lieu, à l'avenir, d'employer des courants plus faibles.

e) *Soissons.* — La différence de germinations entre les courants employés :

14 germinations, courant 1 /100e ;

13 germinations, courant 3 /1000e ;

est tellement peu sensible qu'elle ne nous permet pas d'affirmer, avec suffisamment d'exactitude, l'excellence d'un courant sur l'autre.

Dans tous les cas, les courants employés n'ont pas nui à la germination, au contraire, puisque les témoins n'accusent respectivement au 4 juin, que 9 et 11 germinations.

§ 2. Développement des plantes

Parmi les différents développements des plantes qui figurent au chapitre II, nous avons choisi ceux du 25 juillet pour les étudier spécialement. A cette époque, les plantes étaient dans leur période de vie intense et n'avaient pas encore subi de ralentissement dans leur développement cellulaire, dû à la maturité des fruits.

a) *Betteraves.* — L'action retardatrice du courant de 1 /100e d'ampère, signalée au moment de la germination, a dû être contrebalancée et annihilée par l'influence bienfaisante du *Petit Paratonnerre* qui a pu lui permettre de dépasser les témoins de20 m/m.

Quant aux betteraves soumises au courant initial de 3 /1000e, elles accusent un développement de feuilles supérieur de 60 m/m aux témoins : 280 m/m contre 220 m/m.

L'excellence du courant initial et l'heureuse influence de l'appareil sont donc, ici, la résultante de cette constatation appréciable et très satisfaisante.

b) *Chanvre.* — Les moyennes des hauteurs de tiges (abstraction faite de l'influence des appareils) sont les suivantes :
courant au 1 /100e : 687 m/m ; courant au 3 /1000e : 860 m/m ;
témoin : 470 m/m.

Nous devons donc admettre que si, d'une part, les courants ont accéléré la germination, d'autre part, les appareils employés ont tous eu une action bienfaisante, puisque les chanvres électrisés ont, tous, un développement supérieur aux témoins; développement qui varie du 1 /11e au double : (1 /11e électro-capteur ; double : petit paratonnerre et dynamo-capteur).

c) *Maïs.* — Le maïs, dont il est question, n'a pas été électrisé avant les semailles; bien plus, la partie qui devait recevoir les petits paratonnerres et être soumise à leur influence, fut tirée au sort.

Quinze jours après la pose des petits paratonnerres, un développement, visible à l'œil, fut constaté.

Cette poussée végétative est telle qu'elle dépasse, au 25 juillet, les tiges témoins de 700 m/m, pour se maintenir à 400 m/m au 29 août.

d) *Moutarde.* — La moutarde fut également expérimentée dans les mêmes conditions que le maïs. Elle a été simplement semée dans un terrain soumis à l'action dynamique des plaques zinc et cuivre.

L'accroissement constaté : 100 m/m est donc bien dû à l'action seule de l'appareil.

Au reste, cette constatation, déjà faite, ne fait que corroborer, une fois de plus, nos résultats des années précédentes.

e) *Orge.* — En ce qui concerne cette graminée, les moyennes de développement des chaumes sont respectivement :

730 m/m pour le courant au 1/100e d'ampère ;

770 m/m pour le courant au 3/1000e d'ampère ;

680 m/m pour les témoins.

L'orge au 1/100e ayant été soumise exactement aux mêmes appareils que celle provenant du 3/1000e, nous sommes obligés de reporter à la différence d'intensité du courant électriseur initial la différence de résultats, car il n'est pas admissible que dans un terrain de 4 mètres carrés il y ait deux mètres carrés produisant des chaumes de 550 m/m et deux autres mètres carrés en produisant de 620 m/m (voir chapitre 2, petit paratonnerre au 25 juillet).

f) *Soissons.* — Les soissons furent, au cours de l'année, l'objet de plusieurs expériences d'électrisation.

Les résultats furent souvent contradictoires; aussi, ne voulant rien infirmer, ni affirmer, nous nous contenterons, pour cette année, de signaler l'influence nettement *retardatrice* du courant de 1/100e d'ampère sur ces légumineuses; nous pourrions même ajouter *néfaste*, car tous, ou presque tous, pourrirent en terre.

§ 3. Récoltes (1)

a) *Betteraves.* — Ayant eu soin de repiquer, au 26 juin, dans les carrés témoins et dans les carrés soumis à l'influence des appareils, des betteraves de même grosseur de racine et de même développement de feuilles, provenant du carré électrisé au 3/1000e, nous attribuerons aux appareils seuls les surproductions de récoltes suivantes :

1 kil. 500 pour celles provenant du dynamo-capteur ;

1 kil. 100 pour celles provenant des petits paratonnerres.

b) *Chanvre.* — L'influence heureuse du courant de 3/1000e ressort encore plus clairement au tableau du chapitre III (récoltes) qu'au chapitre II (développement).

(1) Nous entendons par récolte, la récolte globale : tiges, feuilles, fruits ou tubercules.

En effet, le chanvre soumis au courant de 3 /1000e et placé dans la zone du dynamo-capteur, donne :

1° 0,065 grammes de récolte en plus que celui soumis au 1 /100e et influencé par le même appareil ;

2° 0,108 grammes de plus que le témoin.

Quant à la récolte de celui de même intensité, influencé par les petits paratonnerres, elle accuse 0,095 grammes de plus que le chanvre soumis au 1 /100e, et 160 grammes de plus que les témoins ; soit une récolte presque double.

Enfin, la récolte du chanvre (3 /1000e) placé dans la zone d'action de l'électro-capteur, accuse une surproduction :

1° de 110 grammes sur le chanvre au 1 /100e ;

2° de 147 grammes sur les témoins.

c) *Orge.* — Les résultats comparés de cette plante ont permis de constater que les orges électrisées et soumises aux appareils ont toutes donné des récoltes supérieures aux témoins.

Mais, où nous rencontrons de l'imprévu, c'est dans les récoltes des orges soumises au courant de 1 /100e d'ampère.

Contrairement à nos prévisions, prévisions basées d'ailleurs sur les résultats obtenus de mai à fin juillet, ces plantes ont eu, en août, des poussées végétatives telles qu'elles ont dépassé de beaucoup leurs voisines électrisées au 3 /1000e et, cependant, soumises au même appareil. (Électro-capteur : 29 août).

Ce fait, qui n'est pas isolé, nous montrera mieux que tous les discours combien il est difficile d'établir ou de formuler des lois fixes, et de donner des indications, offrant une certaine garantie, dans le vaste domaine des applications de l'électricité à la culture des plantes.

Malheureusement, il faut le reconnaître, ce sont ces constatations, dont les causes nous échappent, qui sont cause de la lenteur de nos travaux.

Nous parlions, un jour, des caprices du sphinx électricité, ceux que nous constatons aujourd'hui sont une preuve à l'appui de nos dires et méritent d'être signalés.

La seule explication susceptible d'être admise est la suivante :

Trop vivement stimulée, à ses débuts, par le courant de 1 /100e d'ampère, l'orge a eu, par la suite, une période de repos, d'engourdissement, pendant laquelle elle a dû emmagasiner dans ses tissus des réserves de sève et de principes vitaux.

Sous l'action d'un orage violent, ou d'une perturbation atmosphérique qui nous a échappé, l'électro-capteur aura pu puiser, à travers les couches supérieures, l'azote libre en quantité suffisante pour, sous l'action de l'effluve du moment, déterminer des modifications chimiques avantageuses dans la composition de l'air et du sol permettant, dès lors, à la plante d'utiliser ses réserves nutritives et vitales.

Ce développement rapide, quasi spontané, peut être comparé à celui d'un adolescent qui, après être resté longtemps stationnaire, grandit tout à coup.

Et, fait qui vient encore à l'appui de notre assertion, si on considère l'orge au 1/100e soumise à l'influence d'un capteur d'électricité atmosphérique moins puissant, moins sensible aux fluctuations atmosphériques, tel que le petit paratonnerre, on remarque que l'augmentation de récolte n'est plus que de 5 grammes.

Enfin, soumise au dynamo-capteur, appareil dont les courants atmosphérique et tellurique se balancent généralement, l'orge électrisée au 1/100e produit une récolte inférieure de 65 grammes à celle provenant du courant de 3/1000e.

d) *Moutarde.* — La surproduction de 60 grammes, constatée dans la récolte de la moutarde électrisée, confirme ce que nous avions relaté précédemment, mais, ne nous apporte aucun fait nouveau et intéressant.

e) *Soissons.* — Les récoltes des soissons électrisés, et les observations auxquelles elles ont donné lieu sont relatées, en détail, au chapitre VI.

CHAPITRE V

Détermination du courant *optimum* **à employer pour** *électriser* **les** *graines* **soumises aux expériences**

Les constatations faites au chapitre IV nous amènent, malgré le désir que nous aurions de resserer encore nos expériences entre des courants d'intensités plus faibles ou plus fortes que celles employées, à nous arrêter, cette année, sur ces deux courants :

1/100e et 3/1000e d'ampère.

La recherche du courant *optimum* à employer pour chaque plante usuelle sera le but vers lequel nous dirigerons tous nos efforts, si nos rares loisirs et si, surtout, l'avenir nous le permettent.

Malgré les bons résultats obtenus en 1908 et 1909, avec certains courants variant en intensité du 1/10e au 1/100e, nous rejetterons désormais, pour les plantes étudiées au cours de cette année (orge, chanvre, betteraves, soissons, moutarde), le courant au 1/100e et conseillerons ardemment les courants voisins du 3/1000e d'ampère.

Les conditions scrupuleuses (1) dans lesquelles furent électrisées ces graines ne peuvent être mises en doute.

Nous ferons une exception — fondée, celle-là, sur des faits probants et des essais maintes fois répétés — en ce qui concerne les fruits à noyaux et les dattes qui peuvent être soumis à des courants d'un 1/10e d'ampère pendant une durée variant de 1 à 5 jours, et qui germent avec une avance allant de 15 à 30 jours sur les témoins.

***

En résumé, nous conseillons :

1° Pour les graines ordinaires : betteraves, chanvre et orge, des courants voisins du 3/1000e d'ampère, d'une *durée* de *deux heures* ;

2° Pour la moutarde, des courants *inférieurs* au 3/1000e d'ampère d'une durée de *une* heure ;

3° Pour les noyaux et dattes des courants voisins du 1/100e d'ampère, d'une durée variant de 1 à 5 jours.

(1) *M. Abry*, ingénieur-électricien, chef du laboratoire de l'usine électrique d'Angers, ayant bien voulu, cette année encore, se charger de surveiller les électrisations, nous tenons à lui exprimer, ici, nos biens sincères remerciements.

CHAPITRE VI

De l'influence de la position, en terre, *du hile* de certaines graines (Légumineuses) sur le *développement* des *racines* et sur la *production des fruits.*

(Ce chapitre fait suite à la 4e partie de F. E. D. F., (Tome Ier), voir page 85, ou à la 2e partie, de nos travaux de 1909, relatés au *Bulletin de la Société d'Études scientifiques d'Angers*. XXXIXe année, 1909.)

Cette année, nous avons voulu compléter et achever nos expériences de 1909, sur cette intéressante question et porter notre attention, spécialement, sur le *développement de la racine* et surtout sur la *production des fruits.*

Ces expériences nous permirent de remarquer, une fois de plus, et en même temps, l'influence de la position du *hile* sur le *développement* des *tiges* et des *feuilles.*

PREMIÈRE EXPÉRIENCE

Influence de la position, en terre, du hile sur les racines :

Dans un rectangle de 4 mètres de long sur un mètre de large, 60 soissons furent plantés le 22 mai ; savoir :

Rang A : 20 soissons furent plantés *horizontalement*, le hile en dessus.

Rang B : 20 soissons furent plantés *verticalement.*

Rang C : 20 soissons furent plantés *horizontalement* le hile. *en dessous.*

Au 9 juin, les germinations étant jugées suffisantes, les soissons des rangs impairs furent arrachés soigneusement.

Le nombre de radicelles des germinations impaires : 1, 3, 5, etc., et leur longueur moyenne ressortent aux colonnes 3 et 4 du tableau n° 2 ci-contre.

L'expérience ne devant porter que sur les racines, nous relatons, simplement pour mémoire, aux colonnes 5, 6 et 7, le développement *moyen* des *tiges* et des *feuilles* de chaque rang.

Tableau N° 2

RANGS 1	Numéro des Soissons 2	Nombre de radicelles 3	Longueur moyenne des radicelles 4	Moyenne de la hauteur des tiges 5	Moyenne de la largeur des feuilles 6	Moyenne de la longueur des feuilles 7
			c/m	c/m	c/m	c/m
RANG A. (hile en dessus	1	17	6			
	3	10	8			
	5	9	7			
	7	13	11	tige aérienne 3.12		
	9	15	7	t. souterraine 4.2		
	11	10	8			
	13	12	9	7, 32	7, 66	4, 30
	15	14	10			
	17	22	12			
	19	16	14			
	Moyennes	$\frac{138}{10} = 13,8$	$\frac{92}{10} = 9,2$	7, 32	7, 66	4, 30
RANG B. (hile vertical)	1	10	7			
	3	12	9			
	5	10	8			
	7	25	10			
	9	13	9	7, 94	8, 92	5, 85
	11	12	8			
	13	14	11			
	15	10	11			
	17	21	15			
	19	18	16			
	Moyennes	$\frac{145}{10} = 14,5$	$\frac{104}{10} = 10,4$	7. 94	8. 92	5. 85
RANG C. (hile en dessous)	1	23	7			
	3	8	7			
	5	14	10			
	7	11	10			
	9	20	11			
	11	20	14	8, 3	8, 5	6, 2
	13	15	11			
	15	16	16			
	17	17	17			
	19	13	12			
	Moyennes	$\frac{157}{10} = 15.7$	$\frac{115}{10} = 11,5$	8, 3	8, 5	6, 2

D'où il ressort les différences suivantes en faveur du rang C, sur le rang B :

1° 11 millimètres quant à la *longueur moyenne* des racines ;

2° 1 radicelle 2 en plus quant à leur *nombre*.

Par rapport au rang A, cette augmentation se traduit par :

1° 23 millimètres en plus quant à la *longueur* des racines ;

2° 2 radicelles en plus quant à leur *nombre.*

DEUXIÈME EXPÉRIENCE

Influence de la position, en terre, du hile sur la récolte :

Les 30 soissons conservés (10 par rang) donnent, au 25 octobre, comme récolte en fruits, les poids indiqués au tableau n° 3 ci-après (soissons non électrisés).

TABLEAU N° 3. — **Soissons**

Légumineuses soumises aux expériences	Dessus rang A	Vertical rang B	Dessous rang C	Récolte totale	Observations
Soissons électrisés :	gr.	gr.	gr.	gr.	
Cosses	140	145	150	0,435	
Graines	390	410	415	1,215	
Soissons non électrisés :					
Cosses	60	70	90	0,220	
Graines	170	170	320	0,740	

Ici, nous notons des différences bien plus sensibles que dans la première expérience et des résultats surtout plus avantageux puisque la surproduction du rang C sur le rang A se traduit par un excédent de récolte de 33 % et de 28 % quant au rang B.

Nous mentionnons, simplement à titre d'indication, la constatation suivante qui fut faite en même temps.

Trente soissons de même qualité, semés dans un terrain identique, mais soumis pendant les mois de juin, juillet, août, septembre, à l'action de notre dynamo-capteur (voir sa description dans F. E. D. P., page 19) donnent comme récolte, en grains, à la même date (25 octobre) : 1.215 grammes, alors que celle de nos trois rangs A. B. C. lui est inférieure de 64 % : (740 grammes exactement, voir tableau n° 3. (Soissons électrisés.)

TROISIÈME EXPÉRIENCE

Le 22 mai, 30 haricots rouges (rognons de coq) furent plantés de la même manière que les soissons, dans un rectangle de 2 mètres sur un mètre.

Arrachés le 20 septembre, puis séchés, ils donnent comme récolte les poids suivants au 25 octobre :

TABLEAU N° 4. — **Haricots rouges**

Légumineuses soumises aux expériences	Dessus rang A	Vertical rang B	Dessous rang C	Récolte totale	Observations
Haricots :	gr.	gr.	gr.	gr.	
Cosses........................	90	100	100	0,290	
Grains	70	100	105	0,275	

Nous retrouvons encore en faveur du rang C, la même influence bienfaisante, puisqu'elle se traduit, comparée au rang A, par une augmentation de 11 % quant au poids total du végétal desséché, et de 33 % quant au poids des fruits.

Par contre, la récolte du rang C, comparée à celle du rang B, ne donne aucune augmentation appréciable.

Ces résulats, consciencieusement relevés, tentent à montrer suffisamment, jusqu'à preuve du contraire, que non seulement la tige et les feuilles des légumineuses bénéficient de la position, *en dessous*, du hile en terre — ainsi que nous l'avions déjà constaté l'année dernière — mais, qu'encore les racines, indépendamment de leur nombre et de leur longueur, lui doivent leur *multiplication* et leur plus grand *développement.*

Quant à son influence sur les *récoltes*, elle est telle, qu'elle dispense de tout commentaire.

En présence des résultats obtenus nous avons cru devoir signaler nos expériences aux chercheurs, aux botanistes et, surtout, aux horticulteurs et agriculteurs, les premiers intéressés.

Le jour où l'on aura pu rendre pratique et applicable à la grande culture des soissons, haricots, melons, pêchers, abricotiers, etc..., notre originale méthode d'ensemencement, il sera permis de se demander si son emploi n'apportera pas, dans le domaine de l'agriculture, d'appréciables avantages.

DEUXIÈME PARTIE

CHAPITRE PREMIER

Nous sommes heureux de pouvoir joindre au compte rendu de nos essais et expériences de 1910 le rapport suivant que M. Billaud, percepteur honoraire, aux Herbiers (Vendée), a bien voulu nous adresser.

Rapport de M. Billaud

Nos essais d'*électroculture*, bien limités et bien modestes, ont eu lieu dans une vigne que nous possédons aux *Herbiers*, et qui est l'objet de tous nos soins.

Nous avions, dans notre clos, comme nous l'écrivions en avril 1909 à *M. Basty*, un canton de 40 à 50 mètres carrés environ dans lequel nos sujets (plants d'Otello non greffés) dépérissaient d'année en année. Parmi eux, plusieurs ceps, âgés de 20 ans, ne conservaient plus qu'un semblant de vie se traduisant très faiblement, hélas ! par trois ou quatre pousses rudimentaires, portant un feuillage avorté, étiolé, rabougri. Ceux-là allaient mourir. Quant aux autres, ils offraient à l'œil un peu plus de vigueur il est vrai, mais, eux aussi, étaient condamnés à une fin prochaine, en raison du manque de fruits.

Cet état de choses tenait à deux causes :

En premier lieu, le *phylloxéra* ravageait le canton depuis plusieurs années ; en second lieu, un *sol* trop *maigre* et qui, malgré de substantielles fumures, n'offrait pas aux ceps les éléments nécessaires pour donner à leurs racines, à leurs radicelles, la force de résister, dans leur renouvellement, aux ennemis qui les rongeaient. Notre vignoble se présentait dans ces conditions défavorables, quand nous décidâmes de consulter M. le lieutenant *Basty*, dont les expériences sensationnelles étaient parvenues jusqu'à nous par la voie de la presse.

Sur ses conseils, nous avons abondonné la construction et l'installation d'un genre de géomagnétifère de notre conception qui, nous le reconnaissons volontiers, était trop coûteux, très compliqué et peu pratique.

Dans l'endroit le plus malade de notre clos, nous fîmes donc poser, dès le mois de mai 1909, un électro-capteur ; celui-là même dont *M. Basty* donne la description dans son ouvrage « *De la fertilisation électrique des Plantes* ».

Pour l'installation de notre appareil, nous nous sommes servi d'une perche de 7 mètres environ, surmontée d'une tige de fer de 2m50, terminée elle-même par un balai métallique extensible de 0m25. Ce balai métallique nous fut fourni par la maison Radiguet successeur, de Paris.

Il communiquait avec le réseau souterrain (dont le rayon était de 14 mètres environ et formait des carrés de 1 mètre de côté), au moyen d'un fil aérien de cuivre, bien isolé de notre perche grâce à des isolateurs de porcelaine.

La partie du fil conducteur, destinée à être enfouie dans le sol, avait été recouverte, dès son départ du commutateur, d'une matière isolante et imputrescible. Les soudures aériennes et les soudures souterraines avaient été faites d'une façon *irréprochable*.

La petite dimension du balai capteur nous a permis de laisser notre courant ouvert d'une façon continue. Nous ne l'avons interrompu qu'une ou deux fois, pendant les périodes de trop grande ou trop tenace sécheresse.

Nous avons, en outre, suivi scrupuleusement, en tous points, les instructions qu'a bien voulu nous donner, spécialement par écrit, *M. le lieutenant Basty*.

Aussi notre satisfaction fut grande quand, au courant de l'année 1909 (juin-juillet), il nous a été permis de constater, chez les sujets influencés, une vigoureuse reprise de vitalité.

Plein d'espoir dans la réussite complète, nous avons profité de l'hiver 1909-1910 pour établir, à proximité du premier électro-capteur, mais en dehors de son champ d'action, un deuxième appareil d'une hauteur totale de 15 mètres environ.

Les effets produits, par ce second auxiliaire, en 1910, ont été les mêmes que ceux produits, par le premier, en 1909.

L'année 1911 vient de nous permettre de constater d'une façon certaine, indiscutable, que les ceps influencés, dès 1909, ont repris leur *vigueur primitive*. Ils n'en cèdent en rien à leurs voisins, et comme pousse et comme quantité de fruits. Pour ce qui est des sujets influencés, à partir de 1910, leur guérison est certaine, si nous en jugeons par leur vigueur actuelle. L'année prochaine elle sera complète, nous l'espérons.

Aussi, encouragé par cette réussite et en prévision d'un danger futur, malheureusement toujours possible, nous allons dès la récolte achevée, monter un troisième électro-capteur auquel nous comptons donner de plus vastes et plus sérieuses dimensions. Dans un des angles de notre clos, en effet, pousse un chêne montant qui atteint environ 14 mètres, nous y assujettirons une perche d'égale hauteur et, à l'aide de poteaux intermédiaires, pour soutenir le fil conducteur, nous relierons ce troisième capteur aux deux autres précédemment établis.

Tout notre vignoble sera ainsi placé sous la bienfaisante influence du « bain électrique ».

Les résultats que nous relatons furent observés et constatés par un grand nombre de personnes, notamment par MM. Roch et Gurget qui, enthousiasmés par les bienfaits de l'électroculture, vont entreprendre des essais applicables à la grande culture dans le but de vulgariser les nouvelles et excellentes méthodes de culture préconisées par M. Basty.

Les Herbiers, le 5 *juillet* 1911.

Signé : BILLAUD.

Ce rapport fera réfléchir, nous l'espérons, plus d'un sceptique, et décidera, peut-être enfin, les irrésolus à entrer dans la voie nouvelle.

CHAPITRE II

Le rapport de l'honorable *M. Billaud*, très favorable à l'emploi de notre électro-capteur, nous fait un devoir d'indibuer, dans ce chapitre, la description et le fonctionnement.

de cet appareil. Les amateurs d'électroculture n'auront plus, après cela, aucun motif à invoquer pour excuser leur apathie et leur négligence.

Notre électro-capteur est une simplification de l'*électro-végétomètre* de l'Abbé Bertholon, le grand-père de l'électroculture qui, dès 1783, inventait cet appareil en même temps qu'il publiait son ouvrage : « *De l'électricité sur les végétaux.* »

§ 1er *Description et Fonctionnement de l'Électrovégétomètre de Bertholon*

Afin de mieux comprendre le fonctionnement de notre appareil, nous donnons, ci-après, la description sommaire de l'électrovégétomètre de Bertholon, (voir *fig.* 1).

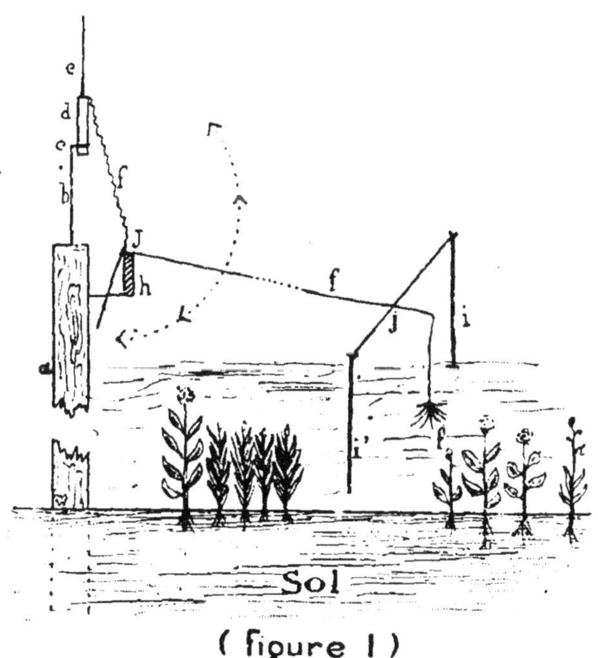

(figure 1)

Au sommet d'un mât (*a*) (de 8 à 15 mètres), planté solidement en terre, on fixe une tige métallique (*b*) terminée par un anneau (*c*), disposée horizontalement.

Cette anneau soutiendra un tube de verre (*d*) au milieu

duquel une verge (*e*) en fer, terminée en pointe à son extrémité supérieure sera maintenue par un mastic isolateur.

Une chaîne métallique (*f*), partant de la base de la verge, viendra reposer sur un disque métallique (*g*) soutenu par un isolateur (*h*) en verre, fixé au mât. Le disque fait partie d'un conducteur horizontal portant une brisure à charnière lui permettant de tourner dans tous les sens (Voir les flèches, *fig.* 1).

Le conducteur horizontal (*f*) est soutenu, dans son parcours, par un fil ou des fils de soie (*j*), maintenus par deux ou plusieurs guéridons (*i*, *i'*).

Le conducteur est, en outre, coudé à angle droit; un des côtés de l'angle est dirigé vers la terre et se termine par une sorte de balai métallique (*l*) formé d'une réunion de pointes.

Voici en deux mots le fonctionnement de l'appareil : l'électricité captée par la verge est transmise à la chaînette, puis au conducteur à charnière et transportée, grâce à lui, à l'endroit voulu, pour se répandre, par les pointes du balai, sur les plantes soumises au traitement,

« *On obtient par ce procédé*, dit l'Abbé Bertholon, un *excellent engrais, que l'on va, pour ainsi dire, chercher dans le ciel et cet engrais ne sera nullement dispendieux.* »

§ 2. *Appareils dérivés de l'Électrovégétomètre*

En 1848, Beckensteiner modifia l'appareil de Bertholon auquel il donna le nom de *géomagnétifère.*

Dans cet appareil, le balai aérien, disposé face à la terre, est remplacé par un *conducteur souterrain* en communication directe avec la tige terminée en pointe.

Notre vieil ami, le Dr Frestier, de Saint-Étienne, fit, avec cet appareil, une série d'expériences fort curieuses.

Le russe Spechnew employa ensuite des couronnes métalliques surmontées de pointes dorées, et plaça ses conducteurs *au-dessus* des plantes à électriser.

Le frère Paulin reprit le géo de Beckensteiner, le perfectionna heureusement et l'employa avec succès à l'Institut agronomique de Beauvais et dans les environs de Montbrison.

En 1896, Narkewitsch-Yodko simplifia cet appareil et fit aboutir les conducteurs souterrains dans des plaques de zinc.

§ 3. *Description de l'Électro-Capteur F. B.*

En 1907, nous avons employé pour nos expériences un géo, auquel nous avons donné le nom d'*Électro-Capteur*. Cet appareil fort simple, à la portée de toutes les bourses, pouvant être construit facilement par la personne la moins compétente (à la condition de savoir faire, cependant, une soudure) nous a donné d'excellents résultats.

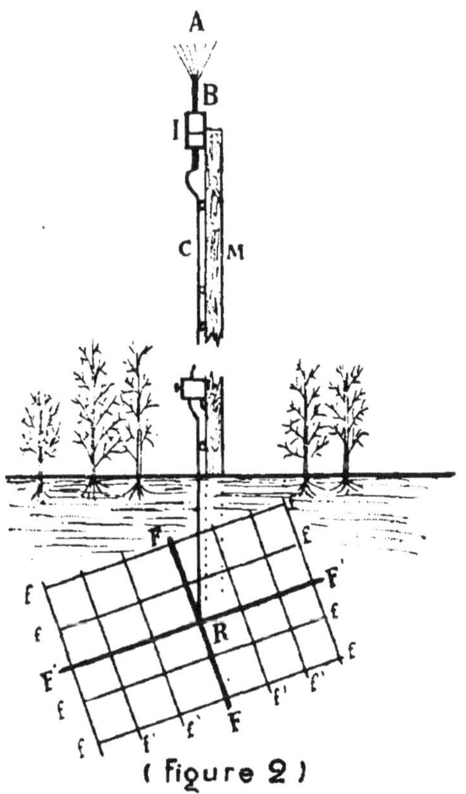

(Figure 2)

Voici, en quelques lignes, sa description :

Au sommet d'un mât (M) (le plus haut possible), solidement planté en terre, on place un isolateur de porcelaine ou de verre d'un modèle spécial.

Cet isolateur (I) affecte la forme d'un cylindre creux suivant sa longueur. Dans l'isolateur sera introduit la base (B) d'un aigrette (A) en fil de cuivre dont les fils inférieurs auront été réunis entre eux au moyen de soudures et formeront ainsi une petite tige. C'est la base de cette tige qui sera introduite, par forcement, dans l'isolateur, suivant son grand axe.

Les fils de l'aigrette ont une longueur de 0m80 environ et sont terminés en pointe.

Soudé à la base de la tige, un fil de cuivre (C), revêtu d'une matière isolante, descendra le long du mât et viendra se mettre en communication avec un réseau (R) formé de fils de fer galvanisés.

L'appareil est, en outre, pourvu d'un *interrupteur spécial* permettant de suspendre le passage du courant pendant les grandes chaleurs.

On peut également employer comme aigrette et comme conducteur aérien un fil de fer galvanisé, mais il faut avoir soin de le soutenir le long du mât par des isolateurs en porcelaine.

Le réseau souterrain est composé :

1° De deux fils (FF') qui sont du diamètre du conducteur aérien. Ces fils se croisent à angle droit au pied du mât ; ils seront soudés à leur point de jonction ;

2° Par des fils d'un diamètre moindre (*ff'*) et qui, enroulés ou soudés perpendiculairement sur les précédents, de deux en deux mètres, constitueront une série de mailles de 4 mètres carrés de superficie.

Ce réseau est enterré, avant les semailles ou les plantations, à la *profondeur normale* qu'atteindront les racines des plantes que l'on veut traiter.

§ 4. *Procédé original pour s'assurer du bon fonctionnement d'un électro-capteur et, incidemment, mesurer l'intensité d'un orage.*

Afin de prouver aux personnes qui doutent encore de la puissance de l'électricité atmosphérique et de la facilité avec laquelle elle peut être captée, nous rappellerons une expérience faite rue Proust, à Angers, par notre Président, M. le Professeur Préaubert.

Vers 1886, M. Préaubert employait pour démontrer la haute tension électrique atmosphérique, au moment des orages, un appareil à peu près analogue à notre électro-capteur.

Pour obtenir un isolement parfait du courant capté par la pointe, le fil conducteur passait dans un tube en paraffine et s'appuyait également sur des supports de même matière.

Entre le fil et la terre M. Préaubert plaçait un petit tube de Geissler. Pendant toute la durée de l'orage ce tube devenait lumineux.

On pouvait alors suivre facilement toutes les péripéties du drame orageux, les variations d'intensité, les renversements fréquents du courant aérotellurique, grâce à l'inégal aspect des deux pôles du tube. C'est, peut-être, le meilleur moyen de se rendre compte de la partie électrique du phénomène très complexe qu'est le passage d'une ligne de grain orageux.

Si l'on ne désire pas faire servir notre électro-capteur à cet usage, on peut toujours, après une première installation, employer ce dispositif pour s'assurer que l'appareil fonctionne normalement, que les pointes ne sont pas oxydées et le fil parfaitement isolé.

Nous remercions bien sincèrement M. Préaubert de cette très intéressante communication.

§ 5. *Électro-Capteur paragrêle*

L'électro-capteur ou mieux plusieurs électro-capteurs peuvent être utilisés pour protéger une très grande étendue de terrain contre la grêle.

C'est pour montrer leur efficacité que nous avons consenti, sur les instances de M. A. Daviau, président du Syndicat de Défense contre la grêle de Brissac et environs, à installer deux de ces appareils, dans une vigne située aux Nouettes, sur la route d'Angers à Brissac, à 1 kilomètre environ de la station de Saint-Jean-des-Mauvrets.

Nous attendons de cette installation les meilleurs résultats et les preuves les plus convaincantes.

TROISIÈME PARTIE

Orientation de l'opinion publique vers l'utilisation de l'électricité statique à haute tension

L'appui que *la Presse Scientifique* a bien voulu donner, jusqu'à ce jour, à nos correspondants, a certainement contribué, pour une large part, à propager parmi le monde des chercheurs les idées d'*Électroculture.*

Mais, malheureusement, certaines communications faites, outre qu'elles s'adressaient à un public éclairé sans doute, mais spécial, avaient souvent le grave inconvénient de ne pas traduire *fidèlement* toute notre pensée.

Pour donner à leurs articles un caractère d'originalité, il arrivait, parfois, à certains auteurs, très bien intentionnés d'ailleurs, de présenter des comptes rendus incomplets, inexacts ou exagérés de nos expériences et de nos résultats.

Puisque, d'après *Émile Gautier* « *nous menons le train* », il est donc de notre devoir de le bien mener, d'éclairer suffisamment chacun, afin qu'il puisse choisir la voie qui lui convient le mieux, ou que semblent lui indiquer ses ressources et ses aptitudes professionnelles.

Soucieux, avant tout, de présenter cette science agricole nouvelle sous son véritable aspect, nous avons cru utile de développer et de commenter dans cette troisième partie certains points qui avaient été particulièrement mal interprétés, et d'orienter franchement l'opinion publique vers l'*utilisation* de l'*électricité statique à haute tension*, bien qu'elle semble, au premier abord, l'apanage exclusif du *grand* propriétaire.

Les explications que nous présentons sont données en toute indépendance et en toute impartialité Salarié par aucune maison, ne vendant nous même, *actuellement*, aucun

appareil, nous ne pouvons être accusé d'agir par intérêt. Si cependant, un intérêt nous guide — mais il est profondément désintéressé celui-là — c'est l'intérêt supérieur de l'agriculture française, celui de tous les agriculteurs français.

***

Dans notre ouvrage « *De la fertilisation électrique des plantes* », nous avons exposé rapidement nos méthodes, décrit, dans la mesure du possible, nos appareils et instruments, communiqué franchement nos résultats, résultats consciencieusement relevés et toujours vérifiés par de nombreux et honorables témoins. Aussi, pouvons-nous dire, avec une certaine fierté, que grâce à cette modeste brochure, l'*électroculture* est devenue la science agronomique du jour : on la tolère au foyer, on la discute dans les sociétés scientifiques et dans les facultés, et elle parvient enfin à retenir l'attention d'un Ministre de l'Agriculture (1). Demain, et c'est là notre vœu le plus cher et notre seule ambition, elle sera enseignée dans les écoles d'agriculture ; demain, elle sera reconnue pratique, bienfaisante.

Mais, pour que ce demain soit proche, nous ne nous dissimulerons pas que nous aurons encore beaucoup à lutter, beaucoup à faire et à bien faire surtout.

Depuis dix ans, nous crions dans le désert ; de faibles échos, *intéressés* ceux-là, nous parviennent, et dès que nous demandons un effort, on nous répond invariablement : « *offrez des garanties...; garantissez-nous, par contrat, une surproduction de* 30 %, *et nous marcherons...* »

La haute école d'agriculture de Charlottenbourg a-t-elle demandé tant de garanties à M. l'Ingénieur Max Breslauer, lorsqu'il commençait ses premiers essais de 1908 ?

M. Bomfort, le riche propriétaire anglais, a-t-il fait signer un contrat à Sir Olivier Lodge avant de mettre à sa disposition un champ de 16 hectares ensemencé en blé ?...

Puisque le concours du riche nous est refusé, que les puissantes sociétés, spécialement créées pour encourager l'industrie et l'agriculture françaises, ne veulent point nous connaître, n'ayant d'autres commanditaires que notre foi et notre volonté,

(1) M. Pams, ministre de l'agriculture.

d'autres encouragements que ceux des petits, des déshérités du sort et de la fortune — qui eux, tendent vers nous avec confiance leurs bras impuissants — nous continuerons, quand même, à travailler pour tous.

Sans désavouer aucune ligne de notre ouvrage *De la Fertilisation électrique des plantes*, sans cesser d'enseigner les bienfaits des électricités (naturelles) atmosphérique et tellurique, nous tenons aujourd'hui à déclarer — malgré tout ce que ces modalités électriques peuvent avoir de séduisant, de peu coûteux (captation gratuite), malgré aussi les résultats favorables, acquis au cours de cette année et exposés dans notre travail — que leur application à la culture proprement dite des plantes nécessite une patience inlassable et un doigté assez long à acquérir. Elles exigent, en outre, des connaissances spéciales des appareils capteurs et une non moins grande connaissance des divers états atmosphériques : tension électrique, humidité, sécheresse, chaleur.

Il nous a été donné de rencontrer souvent des personnes bien intentionnées crier au bluff ou à l'utopie en présence de leurs mauvais résultats ou du manque de résultats. Or, voici ce que font généralement ces personnes bien intentionnées ; elles plantent dans leurs champs des appareils construits par elles ou... le forgeron du coin, sans se soucier si l'appareil est bien construit ; si la pointe est conductrice, inoxydable ; si le fil est isolé dans sa partie aérienne ; si le réseau souterrain est placé à la profondeur convenable par rapport aux racines des plantes à traiter. Quant aux époques où l'appareil doit fonctionner, on l'ignore. L'appareil est là, il doit faire pousser tout et tout seul !

Or, l'électricité atmosphérique est une fée jolie, séduisante, mais capricieuse ; il lui suffit d'une pointe oxydée, d'un fil mis en contact avec la perche, pour se montrer rebelle, réfractaire à toute idée bienfaisante. Est-ce sa faute, si l'homme est incapable de la conduire et de la dompter ?

Ce sont ces *difficultés* de captation, de domination qui ont fait que nous avons cherché, ne pouvant soumettre à nos désirs la belle indomptée, à la remplacer par une de ses sœurs, produite celle-là *artificiellement* par l'homme, là où il veut, quand il veut et comme il veut : j'ai nommé l'*électricité statique à haute tension*.

C'est donc l'*utilisation* de cette électricité artificielle et son *application* à la culture que nous venons spécialement patronner aujourd'hui auprès des *petits* propriétaires.

Si nous n'avons pas donné, dans notre livre, à cette bâtarde, la place à laquelle elle avait droit, c'est que nous fûmes séduit par les avantages de ses aînées qui, moins coûteuses, surent nous donner, après 9 ans d'efforts, d'appréciables résultats.

Mais, à notre époque où la patience des expérimentateurs s'émousse vite, où il faut surtout du positif et du tangible, nous avons craint que les caprices des électricités naturelles ralentissent la foi naissante de nos néophytes.

*
* *

Nous ne rappellerons point, ici, les expériences de Sélim Lemstroëm, de Newmann, de Lodge et les nôtres sur la production, l'utilisation de l'électricité statique à haute tension. Toutes ces questions ont été traitées l'année dernière.

Mais nous voulons surtout insister sur l'*organisation* des procédés permettant, aux moins favorisés de la fortune, de pouvoir l'expérimenter et l'appliquer.

Beaucoup se figurent, en effet, que pour employer l'électricité statique à haute tention, il est nécessaire d'avoir à sa disposition une *force* motrice *considérable.*

C'est une grosse erreur.

Tout réside dans la puissance du transformateur.

Aussi, que de chutes d'eau seront utilisées (en Maine-et-Loire notamment) le jour où nos idées auront fait leur chemin !

A défaut de houille blanche, un simple moteur de 2 ou 4 chevaux suffit.

Des groupes *électrogènes* se trouvent dans l'industrie à des prix très abordables, pas encombrants, consommant peu à l'heure, d'un fonctionnement simple et indéréglable, ils peuvent facilement s'abriter sous la plus petite cabane construite au milieu des champs.

Le courant ainsi produit sur place par un moteur, ou transporté, suivant qu'il provient d'une usine électrique ou hydro-électrique, est transformé dans le champ et, de là, se répand au-dessus des terrains à électrifier.

Le traitement est simple : quelques heures d'électrification de mars à juillet pendant des périodes convenablement choisies (temps froid, sec), suffisent généralement.

De chez lui, l'agriculteur dirigera son courant avec la même facilité qu'il allume sa lampe ou met en marche son moteur.

Et, s'il sait judicieusement employer le fluide bienfaisant, c'est par une surproduction de 30 à 40 % que se traduiront ses efforts.

Mais ce système, dira-t-on, pour si parfait qu'il soit, a le tort de coûter cher et, *seuls, ceux qui ont du temps et du foin dans leurs bottes, peuvent se payer ce luxe* (1).

C'est pour répondre à cette grave objection que nous avons écrit spécialement cette troisième partie.

***

Prenons une propriété de 100 hectares cultivée en blé et rapportant, dans des conditions normales, 50.000 francs.

Si on fixe à 2.000 francs le prix du moteur et du transformateur et à 5.200 francs les frais du réseau métallique, poteaux et isolateurs, consommation du moteur, on voit que cette propriété qui, par nos procédés, va produire un quart en plus, rapportera, à son propriétaire, 62.500 francs ; soit avec tous les frais payés et dès la première année, un bénéfice net de 5.000 francs.

Allons même plus loin, disons que ce bénéfice est nul la première année.

Supposons maintenant que cette propriété de 100 hectares soit possédée par 10, par 20, ou par 30 petits propriétaires.

Syndiquons-les, groupons-les, peu nous importe le mode d'association, et voyons quels seront les risques de chacun.

C'est, suivant le cas : 720, 360, 180 francs qu'ils auront à avancer, sommes bien peu importantes on en conviendra.

Quels seront les bénéfices réalisés, dès la deuxième année : 1200, 600, 400 francs !

A des risques minimes correspondent donc des bénéfices fort appréciables.

Aux petits cultivateurs, aux fermiers donc de donner

(1) Émile Gauthier. *Le Journal*, 16 janvier 1911.

l'exemple ; ils en ont le pouvoir et, quoiqu'on en dise, les moyens.

Et, pourquoi ne verrait-on pas le propriétaire avancer à ses fermiers les premiers frais d'installation, quitte à prélever un léger fermage supplémentaire lui permettant d'amortir le capital avancé ?

Pourquoi partant, les communes, les départements ne seraient-ils pas chargés de la canalisation, du transport du fluide ?

Il existe bien des sociétés, des syndicats d'irrigation, de défense contre la grêle, pourquoi ne créerions-nous pas, à notre tour, des groupements locaux ou régionaux d'électroculture ? Alors, l'utilisation de ce merveilleux fluide que l'homme a su produire, menée parallèlement à la captation des forces que la nature à mis à sa disposition, viendrait, non seulement transporter la force, la lumière, la parole, mais aussi redonner à notre vieux et cher sol gaulois la fertilité et la vie !

CONCLUSIONS

L'idée d'*Électroculture* a fait son chemin au cours de l'année 1910; et si, actuellement, le nombre des expérimentateurs est encore restreint, du moins le nombre de ceux qui n'ignorent plus cette science agronomique est très grand.

Grâce à la *Société d'Études scientifiques d'Angers* qui a, la première, publié et répandu aux quatre coins du monde nos communications dans les bulletins annuels de 1908, 1909 et 1910, grâce à l'acceuil sympathique des *Revues scientifiques et agricoles*, à l'empressement de la *Presse locale et parisienne*, nos expériences et nos méthodes ont été connues et le public, pendant un instant, a eu son attention fixée sur cette captivante question.

Sans apporter de lois précises, de principes infaillibles, nos expériences de 1910, corollaires des précédentes, constituent un nouveau faisceau de preuves et de données intéressantes, susceptibles de guider, dans leurs recherches et leurs travaux, tous les expérimentateurs avides de *science* et de *progrès*.

Le progrès s'est déjà fait sentir par l'orientation nouvelle que nous avons cru devoir donner au public vers l'utilisation des *courants de haute tension*. Demain, ce sera, peut-être, vers l'utilisation des *courants de haute fréquence* qu'il faudra diriger nos recherches. En effet, grâce aux effluves puissantes qu'ils engendrent, il est à supposer que leur action sur la plante est accompagnée de phénomènes chimiques, mécaniques et physiologiques analogues à ceux produits sur l'organisme humain, dans certains cas pathologiques déterminés.

L'expérience et le travail, seuls, pourront nous renseigner à ce sujet. Mais nos efforts isolés, pourront-ils enfanter de grandes choses !...

Souhaitons, en terminant, voir bientôt de nombreux chercheurs entrer dans cette voie. Au milieu des ronces et des épines du chemin, ils trouveront, nous en sommes persuadé, des fleurs d'autant plus suaves qu'elles auront le charme de la nouveauté et l'attrait irrésistible de l'inconnu.

***

Qu'il nous soit permis d'adresser, dès aujourd'hui et sans attendre le Bulletin de 1911, l'expression de notre bien vive et bien respectueuse reconnaissance à M. René Besnard, sous-secrétaire d'Etat des Finances, pour l'intérêt qu'il a bien voulu témoigner à nos modestes travaux et à M. Pams, ministre de l'Agriculture, pour la consécration officielle qu'il leur a donné, en honorant notre Société d'une subvention.

Angers, 28 *mai* 1911.

F. B.

Angers, imp. G Grassin. - 911

www.ingramcontent.com/pod-product-compliance
Ingram Content Group UK Ltd.
Pitfield, Milton Keynes, MK11 3LW, UK
UKHW020450230726
13925UKWH00005B/1850